XUE KE XUE MEI LI DA TAN SUO

学科学魅力大探索

U0591129

破译密码解读

方士娟 编著　丛书主编 周丽霞

植物：植物的最新通报

汕头大学出版社

图书在版编目（CIP）数据

植物：植物的最新通报 / 方士娟编著. -- 汕头：
汕头大学出版社，2015.3（2020.1重印）
（学科学魅力大探索 / 周丽霞主编）
ISBN 978-7-5658-1706-9

Ⅰ. ①植… Ⅱ. ①方… Ⅲ. ①植物－青少年读物
Ⅳ. ①Q94-49

中国版本图书馆CIP数据核字(2015)第028202号

植物：植物的最新通报　　　　ZHIWU：ZHIWU DE ZUIXIN TONGBAO

编　　著：方士娟
丛书主编：周丽霞
责任编辑：汪艳蕾
封面设计：大华文苑
责任技编：黄东生
出版发行：汕头大学出版社
　　　　　广东省汕头市大学路243号汕头大学校园内　邮政编码：515063
电　　话：0754-82904613
印　　刷：三河市燕春印务有限公司
开　　本：700mm×1000mm 1/16
印　　张：7
字　　数：50千字
版　　次：2015年3月第1版
印　　次：2020年1月第2次印刷
定　　价：29.80元
ISBN 978-7-5658-1706-9

前言

　　科学是人类进步的第一推动力，而科学知识的学习则是实现这一推动的必由之路。在新的时代，社会的进步、科技的发展、人们生活水平的不断提高，为我们青少年的科学素质培养提供了新的契机。抓住这个契机，大力推广科学知识，传播科学精神，提高青少年的科学水平，是我们全社会的重要课题。

　　科学教育与学习，能够让广大青少年树立这样一个牢固的信念：科学总是在寻求、发现和了解世界的新现象，研究和掌握新规律，它是创造性的，它又是在不懈地追求真理，需要我们不断地努力探索。在未知的及已知的领域重新发现，才能创造崭新的天地，才能不断推进人类文明向前发展，才能从必然王国走向自由王国。

　　但是，我们生存世界的奥秘，几乎是无穷无尽，从太空到地球，从宇宙到海洋，真是无奇不有，怪事迭起，奥妙无穷，神秘莫测，许许多多的难解之谜简直不可思议，使我们对自己的生命现象和生存环境捉摸不透。破解这些谜团，有助于我们人类社会向更高层次不断迈进。

其实，宇宙世界的丰富多彩与无限魅力就在于那许许多多的难解之谜，使我们不得不密切关注和发出疑问。我们总是不断去认识它、探索它。虽然今天科学技术的发展日新月异，达到了很高程度，但对于那些奥秘还是难以圆满解答。尽管经过许许多多科学先驱不断奋斗，一个个奥秘不断解开，并推进了科学技术大发展，但随之又发现了许多新的奥秘，又不得不向新的问题发起挑战。

宇宙世界是无限的，科学探索也是无限的，我们只有不断拓展更加广阔的生存空间，破解更多奥秘现象，才能使之造福于我们人类，人类社会才能不断获得发展。

为了普及科学知识，激励广大青少年认识和探索宇宙世界的无穷奥妙，根据最新研究成果，特别编辑了这套《学科学魅力大探索》，主要包括真相研究、破译密码、科学成果、科技历史、地理发现等内容，具有很强系统性、科学性、可读性和新奇性。

本套作品知识全面、内容精炼、图文并茂，形象生动，能够培养我们的科学兴趣和爱好，达到普及科学知识的目的，具有很强的可读性、启发性和知识性，是我们广大青少年读者了解科技、增长知识、开阔视野、提高素质、激发探索和启迪智慧的良好科普读物。

目　录

娇羞腼腆的含羞草

害羞的含羞草

含羞草是一种豆科草本植物。它白天张开那羽毛一样的叶子，等到晚上就会自动合上。有趣的是，在白天轻轻碰它一下，它的叶子就像害了羞一样，悄悄合拢起来。

碰得轻，它动得慢，只有一部分叶子合起来；碰得重，它就动得快，在不到10秒钟的时间里，所有的叶子都会合拢起来，而且叶柄也跟着下垂，就像一个羞羞答答的少女，所以人们管它叫"含羞草"。

含羞草为什么会动

大多数植物学家认为，这全靠它叶子的"膨压作用"。在含羞草叶柄的基部，有一个"水鼓鼓"的薄壁细胞组织，名叫叶枕，里面充满了水分。当用手触动含羞草，它的叶子一振动，叶枕下部细胞里的水分，就立即向上或向两侧流去。这样一来，叶枕下部就像泄了气的皮球一样瘪了下去，上部就像打足了气的皮球一样鼓了起来，叶柄也就下垂、合拢了。

在含羞草的叶子受到刺激合拢的同时，会产生一种生物电，把刺激信息很快扩散给其他叶子，其他叶子也就跟着合拢起来。

当这次刺激消失以后，叶枕下部又逐渐充满水分，叶子就会重新张开，恢复了原来的样子。但也有的科学家认为，含羞草之所以会运动，是与光敏素的作用分不开的。

含羞草的自我保护

含羞草的老家在巴西，那里经常有暴风雨。为了适应这种不良环境，它在自然环境中培养了保护自己的本领。每当在风雨到来之前，就把叶子收拢起来，叶柄低垂，这样一来，就不怕暴风雨的摧残了。有趣的是含羞草还是相当灵敏的"晴雨计"。人们利用它的这种怪脾气和本能，预测未来的晴雨。

"含羞草害羞，天将阴雨。"这句谚语告诉我们，如果含羞草的叶片自然下垂、合拢，或半开半闭、舒展无力，出现害羞现象，将有阴雨天气。

在正常天气里，含羞草一般不会自己害羞，即使有人碰它的叶片，叶片也会很快地合拢再张开，恢复原状，这是晴天的征兆。含羞草是一种奇妙的植物，它的身上还有不少奥秘没有被揭开。

延 伸 阅 读

杨贵妃与含羞草：传说杨玉环初入宫时，因见不到君王而终日愁眉不展。有一次，她和宫女们一起到宫苑赏花，无意中碰着了含羞草，草的叶子立即卷了起来。宫女们都说这是杨玉环的美貌使得花草自惭形秽，羞得抬不起头来。

冷艳凶残的日轮花

娇艳的日轮花

在南美洲亚马逊河流域那茂密的原始森林和广袤的沼泽地带里，生长着一种令人畏惧的吃人植物——日轮花。

日轮花长得十分娇艳，其形状酷似齿轮，故而得名。日轮花有吃人魔王之称。

日轮花的叶子一般有一米长左右，花就散在一片片的叶子上面。日轮花能发出诱人的兰花般的芳香，很远就可闻到。表面看来它与一般植物一样，但是如果有人去碰一碰它的花、叶或茎，就会出现很危险的场面。

吃人的情景

日轮花虽则美丽飘香，却能帮助蜘蛛"黑寡妇"把人咬死。它长得十分娇艳，如果有人被那细小艳丽的花朵或花香所迷惑，上前采摘时，只要轻轻接触一下，不管是碰到了花还是叶，那些细长的叶子就立即会像鸟爪子一样伸展过来，将人拖倒在潮湿的地上。同时，躲藏在日轮花旁边的大型蜘蛛即"黑寡妇"蜘蛛，便迅速赶来咬食人体。

"黑寡妇"蜘蛛的上颚内有毒腺，能分泌出一种神经性毒蛋白液体，当毒液进入人体，就会致人死亡。尸体就成了黑蜘蛛的食粮。黑蜘蛛吃了人的身体之后，所排出的粪便是日轮花的一种特别养料。

因此，日轮花就潜心尽力地为黑蜘蛛捕猎食物，它们狼狈为奸，凡是有日轮花的地方，必有吃人的"黑寡妇"蜘蛛。当地的南美洲人，对日轮花十分恐惧，每当看到就要远远避开。

吃人的谜团

关于吃人植物是否存在的谜团，现在还不能下肯定的结论。有些学者们认为，在目前已发现的食肉植物中，捕食的物件仅仅是小小的昆虫而已，它们分泌出的消化液，对小虫子来说可能是汪洋大海，但对于人或较大的动物来说，简直微不足道，因此，很难使人相信地球上存在吃人植物的说法。

但也有一些学者认为，虽然眼下还没有足够证据说明吃人植物的存在，可是不应该武断地加以彻底否定，因为除了当地的土著居民外，科学家的足迹还没有踏遍全世界的每一个角落，也许，正是在那些沉寂的原始森林中，将有某些意想不到的发现。

延 伸 阅 读

在苏门答腊岛还有开臭花朵的植物，它的名字叫做土蜘草，颜色就像腐烂的臭肉，气味就更别提多臭了。苍蝇当然是它的好朋友了，苍蝇喜欢到那里产卵，土蜘草也趁此机会传播自己的花粉，真是臭味相投的一对。

臭气熏天的植物花

吸引苍蝇的食腐花

飞来飞去的蝴蝶与漂亮的小蜜蜂并不是花朵赖以传播花粉的唯一昆虫，我们还应该想到苍蝇。苍蝇喜欢气味难闻的东西，对色彩毫无兴趣。

大自然专门为它们创造了一些花朵，因为在春天里，苍蝇要比蜜蜂还早就到处"嗡嗡"飞舞了。这些吸引苍蝇的真可谓是臭名昭著了。

有一天，一位植物学家发现一棵在长茎末端长着厚叶子和一串串绿芽的藤，非常漂亮，他就把它带回家里，放在花瓶中。

第二天早晨，他走下楼时，忽然闻到一股恶臭的气味，似乎在什么地方有一只死老鼠，他四处寻找却没有

发现。后来，他又循着气味继续搜寻，竟然找到了昨天带回家的那棵绿藤面前。

他仔细观察，却看不到什么东西，可他的鼻子确实闻到了浓烈的臭味！他看到，美丽的绿藤已经在夜里开放了。

植物学家发现，原来这朵绿色花朵就是那只"死老鼠"！他通过查询资料发现，发出臭味的花的名字叫臭菘。为了生长的需要，它的绿藤上面常常戴有一个黄绿色的面罩。

花朵的气味

我们一谈到花朵，就立即会想到绚丽多彩、芬芳迷人的景象。其实，科学家对4189种花朵进行了统计，发现其中大部分并不是香的！真正香气袭人的花朵只占18.7%，还有13%的花朵竟然是臭气熏人的。

　　花朵会发出香味是因为它们的花瓣里含有一种油细胞，其内含有芳香醇、脂肪醇或酯类有机化合物，能分泌出散发香气的芳香油。有的花朵虽然没有细胞，但是在一定的时候却能产生散发香味的物质，所以也会香飘四溢招引一些蜜蜂和昆虫。还有一种特别难闻的散发着腐臭气味的花朵，各种蝇类的昆虫非常喜欢它们，真是物以类聚，虫以群分！它们的主要成分是胺类化合物。

臭气熏天的大花王

　　在印度尼西亚的苏门答腊岛生长着一种非常大的花朵，一朵花的直径竟有1.4米，最重的有50千克，每朵花有5个花瓣，每个花瓣长0.3米至0.4米，厚0.2米，花朵中央是一个直径0.33米，深

0.3米的大盘子,可以装进10千克的水。它的名字叫做大花王,它只有一个短短的花柄和一朵巨大无比的花朵,没有根,没有叶子,也没有茎,那它靠什么生存呢?

原来它是一种寄生植物,它的叶柄寄生在藤本植物的根茎上,从中窃取人家的营养。有人说它简直就像个大懒虫。大花王刚开花的时候还有一点点香气,过了一两天,就变了,散发出腐肉一样的恶臭,要是不小心,闻上一口甚至能被呛得半天喘不过气来。可是那些苍蝇和甲虫却很喜欢这种味道。

大王花的花期有4天,花色非常美丽,花粉却发出让人恶心的腐烂臭味,花期过后,大王花逐渐凋谢,颜色慢慢变黑,最后会

变成一摊黏糊糊的黑东西。不过受过粉的雌花，会在以后的7个月渐渐形成一个半腐烂状的果实。灿烂的花结出了腐烂的果实，这也算是植物界的一个奇观。

世上最臭的尸臭魔芋

在印度尼西亚苏门答腊的热带雨林地区，有一种名叫尸臭魔芋的花儿，又称"尸花"、"泰坦魔芋"。花朵的直径长1.5米，高则将近3米。由于其有腐烂尸体的气味，故被称作"世界上最臭的花"。

泰坦魔芋寿命长达数十年，可是开花的时间却很短，顶多数日，长出果实后，很快就枯萎，所以很难看到它的踪迹。泰坦魔芋花冠其实是肉穗花序的总苞特有的"佛焰苞"，花蕊其实

是肉穗花序。它有着类似马铃薯一样的根茎。等到花冠展开后，呈红紫色的花朵将持续开放几天的时间，散发出的尸臭味也会急剧增加。当花朵凋落后，这株植物就又一次进入了休眠期。

而它散发出的像臭袜子或是腐烂尸体的味道，是想吸引苍蝇和以吃腐肉为生的甲虫前来授粉。它非常艳丽，比你能想象到的任何东西都要美，然而这种美得出奇的花朵却又散发出令人恶心的臭味。

延 伸 阅 读

在中美洲的森林里，有一种叫天鹅花的植物，名字虽然好听，但看上去很脏，而且它会发出一种像腐烂的烟草的臭味。没有吸过烟的人闻到这种臭味会有片刻的晕眩。猪如果不小心吃了天鹅花，则会马上死去。

古老又珍贵的植物

传教士的发现

1869年春，在四川省的宝兴地区，一个叫穆坪的地方，来了一个名叫大卫的法国传教士。

大卫来到穆坪，看见了令他终生难忘的情景。事后大卫回忆

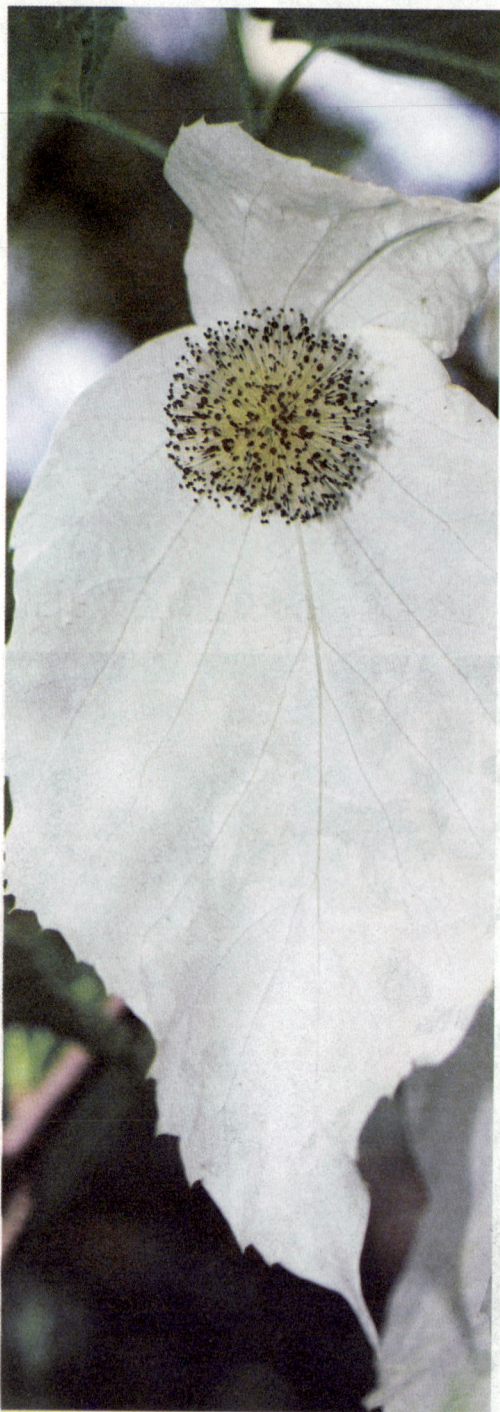

道："我来到一处美丽的地方，看到了一棵美丽的大树。那树上长满巨大的美丽的花朵。花是白的，好似一块块白手帕迎风招展。春风吹来，又好像一群群鸽子振翅欲飞。"

开鸽子花的树

大卫把这种大树称为"中国的鸽子树"，事后他还发现，鸽子树的白色大花实际上并不是真正的花，而是它的苞片，这种苞片最长可达0.15米，宽0.03米至0.05米。我们所看到的鸽子树花既然是苞片，那么真正的花在哪儿呢？

大卫仔细研究了鸽子树的结构，这才知道，鸽子树花的数量很多，但却很小，许许多多的紫红色小花组成了一种叫做头状花序的结构。在头状花序中，雄花数目很多，它们大都长在花序的周围，而中央则是雌花或两性花。鸽子树的花序直径约有0.02米，它们处于白色苞片的包围之中，微风吹来，人们只看到鸽子般展翅的苞片，却忽略了花序的存在。

我国的活化石

现在我们知道，鸽子树其实就是我国特有的"活化石"，这就是珙桐。珙桐的科学价值之所以珍贵，是因为在距今200万年至300万年以前，珙桐的足迹曾遍布全世界，由于第四纪冰川的影响，珙桐在世界上绝大多数地区都绝迹了，而在我国贵州的梵净山、湖北的神农架、四川的峨眉山、云南

的东北部地区，以及湖南的张家界和天平山的海拔1200米至2500米的山坡上还留有小片的天然树林。

这些远古年代的遗物，就像地层中的古生物化石一样，能帮助人们了解与地球、地质、地理、生物等有关的许多奥秘。又因为它们是活着的，所以叫它们活化石。正因为这个原因，珙桐成为我国的一级保护植物，国家还专门为这些活化石划定了保护区。

19世纪末，珙桐被引种到法国，以后又来到英国以及其他国家。如今在瑞士的日内瓦，人们常在庭园里栽种珙桐，每到花开

季节，珙桐花花香袭人，引得不少游人流连忘返。

珙桐的果实成熟时，颇像一个个尚未成熟的鸭梨，因此，在产珙桐的地方，珙桐又被叫做水梨子或木梨子，虽然此梨果肉酸涩难以下咽，但对于渴到极点的赶路人来说，这梨倒也能救急。

珙桐的树形优美，是一种很好的绿化树种，它的种子含油量达20%，因此是一种利用价值颇高的珍贵植物。

有"茶族皇后"之称的金花茶

金花茶为山茶科、山茶属、金花茶组、金花茶系植物，与我国名茶同科属，是国家一级保护植物之一。有很高的观赏、科研和开发利用价值，素有"植物界的大熊猫"、"茶族皇后"之称，在国际上负有盛名。

　　1960年在广西大山中首次发现黄色山茶，1965年由我国著名植物学家胡先骕先生将此黄色山茶命名为"金花茶"，从此金花茶一举成名，震惊世界花坛。又因其是一种古老植物，结果率极低，世界稀有，被国家列为一级重点保护珍稀植物。

　　金花茶为常绿灌木或小乔木，高约2米至5米，其枝条疏松，树皮淡灰黄色，叶深绿色，如皮革般厚实，狭长圆形。先端尾状渐尖或急尖，叶边缘微微向背面翻卷，有细细的质硬的锯齿。金花茶的花金黄色，耀眼夺目，仿佛涂着一层蜡，晶莹而油润，似有半透明之感。

　　金花茶单生于叶腋，花开时，有杯状的、壶状的或碗状的，娇艳多姿，秀丽雅致。金花茶果实为蒴果，内藏6至8粒种子，种皮黑褐色，金花茶4月至5月叶芽开始萌发，2至3年以后脱落。11月开始开花，花期很长，可延续至次年3月。金花茶喜欢温暖湿润的气候，多生长在土壤疏松、排水良好的阴坡溪沟处，常常和买麻藤、藤金合欢、刺果藤、楠木、鹅掌楸等植物共同生活在一起。

　　由于它的自然分布范围极其狭窄，只生长在广西南宁市的邕宁县海拔100米至200米的低缓丘陵，数量很有限，所以被列为我国一级保护植物。为了使这一国宝繁衍生息，我国科学工作者正在通力合作进行杂交选育试验，以培育出更加优良的品种。近年来，我国昆明、杭州、上海等地已有引种栽培。

金花茶还有较高的经济价值。除作为观赏外，尚可入药，可治便血和妇女月经过多，也可作为食用染料。叶除泡茶作饮料外，也有药用价值，可治痢疾和用于外洗烂疮；其木材质地坚硬，结构致密，可雕刻精美的工艺品及其他器具。此外，其种子尚可榨油、食用或工业上用作润滑油及其他溶剂的原料。

古老的孑遗植物银杉

银杉是一种古老的孑遗植物，200万年以前，银杉曾经广泛分布于欧亚大陆，自从受到第四纪冰川的袭击遭到灭顶之灾以后，人们对银杉的探索便只有借助植物化石。优美的树枝分长枝和短枝两种，幼叶边缘有睫毛，令人惊奇的是绿色的叶片背面，有两条粉白色的气孔带，饱含露珠的叶片在阳光照耀下，银光闪闪，银杉以此而得名。

水杉是一种古老的植物。远在一亿多年前的中生代上白垩纪时期，水杉的祖先就已经诞生于北极圈附近了。当时地球上气候非常温暖，北极也不像现在那样全部覆盖着冰层，以后，大约在新生代的中期，由于气候、地质的变化，水杉逐渐向南迁移，分布到了欧、亚、北美三洲。根据已发现的化石来看，几乎遍布整个北半球，可说是繁盛一时。

秃杉是世界稀有的珍贵树种，我国的一类保护植物。最早是

1904年在台湾中部中央山脉乌松坑海拔2000米处被发现的。

秃杉有一个"孪生兄弟"，即台湾杉。由于它们长相相似，又分布在同一地区，因此，一般通称它们为台湾杉。

延 伸 阅 读

在阿尔及利亚生长有一种洗衣树，树干挺拔高大，树皮上有很多小孔，能分泌碱性液体。当地居民称之为"普当"，意思是"能除污秽的树"。只要把脏衣服捆在树身上，几小时后在清水中漂洗一下，就干净了。

吃人的食人树

一家人的奇遇

1971年9月，法国人吕蒙梯尔、盖拉两人带着他们的家人来到莫昆斯克度假，他们几乎是年年都来内耳科克斯塔度假的，只是到莫昆斯克丛林还是第一次。 两家人到了莫昆斯克后，大人便

开始忙着安排宿营和晚餐。吕蒙梯尔去丛林拾干枯树枝，准备烧火做饭。他的儿子欧文斯也闹着要一起去，盖拉的儿子亚博见小伙伴要走，也嚷着要去，于是，吕蒙梯尔带着两个小家伙走了。

来到丛林深处，吕蒙梯尔自己拣树枝，两个孩子却自顾自地游戏去了。没多一会儿，吕蒙梯尔就听见两声叫喊，他听出是两个小家伙发出来的，心里一惊，丢了柴火，便向声音发出的地方奔去，因为他知道非洲丛林中有许多食人野兽出没。就在他跑出10多米远时，突然觉得自己的身体变轻了，跑起路来一点也不费力，接着他的身体居然飞了起来，而且直向前面一棵大树撞去。

吕蒙梯尔双手挥舞着，大声叫道："不！不！放下我，快放下我。"

"乒——"，吕蒙梯尔弹在了树上，无法动弹。

　　不知什么时候，欧文斯和亚博两人已经跑到他身后。对吕蒙梯尔说："快脱掉衣服，否则你无法离开这棵大树。"

　　他转过头来，发现自己的头和手可以动，但穿了衣服裤子的部位就不能动，再一看，儿子和亚博的衣裤正贴在树上。 欧文斯赶紧上来用刀划烂父亲的衣裤，吕蒙梯尔想从树上拔下衣裤来遮挡身体。没料到他刚一接触衣服，又被树木吸住，他吓了一跳，再也不敢扯那衣服就带着两个孩子回去了。快到宿营地的时候，吕蒙梯尔对儿子说："你们先回去，你叫母亲给我带条裤子来，我总不能赤身裸体地回去呀！"

　　两个孩子听话地回去了，不一会儿，亚博的母亲盖拉太太来了，看见吕蒙梯尔的样子又羞又惊，忙问他是怎么回事，还要

让他们带她到大树那里去看一看。吕蒙梯尔连忙拒绝，说："假如被那大树吸住的话，是很可怕的，还是不要去了"。

离奇灾难的降生

当盖拉回来后，盖拉太太硬拉着丈夫，随儿子亚博去看稀奇了。约半小时后，只见亚博惊慌失措地跑来，告诉吕蒙梯尔："我爸爸请你快快去，我母亲被吸进了一个大树洞里，请你快去帮助救我妈出来。"10多分钟以后，盖拉赤裸裸地哭着回来了，他对吕蒙梯尔伤心地说："我妻子死了。"

盖拉说他们走到那里时，盖拉太太首先飞了起来，向一棵大树飞去，盖拉想上前拉住妻子，却被吸到相反的方向，撞在另一棵树上。这棵树才是吕蒙梯尔遇见的那一棵, 而他的太太飞向了另一棵树。

儿子亚博早有准备, 他是光着身子来的, 他看见母亲飞进树洞, 跑去一看, 里面黑乎乎的, 不敢钻进树洞救母亲, 就将另一棵树上的父亲救下。盖拉忙叫儿子去告诉吕蒙梯尔一家, 自己走进了树洞, 里面又黑又湿, 他鼓起勇气叫着妻子的名字, 却没有回应。待他走到洞深处, 发现太太已经曲成一团死去了。

吕蒙梯尔责怪盖拉为什么不脱掉他妻子的衣服, 盖拉说他当时太紧张, 没有想到这件事。待他俩再次来到树洞准备将盖拉太太的尸体搬出来时, 那里没有一个人影儿。

年轻人们的体验

这件事传开以后, 有3

个年轻人争着要去体验一下，他们三男四女来到莫昆斯克，罗德兹等3个男青年发现，无论如何他们也只能被吸到右边的那棵树上。其中一名叫斯兰达的青年做过一次试验，他穿上衣服，靠近左边的树洞的樟树时，不但没有被吸入洞中，而且可以顺利地走进走出。

这个试验表明，有树洞的樟树，对衣服没有吸引力，而右边的那棵树，不管什么布料都会被吸上去。而且布料在树上停留两个小时后，就会消失无踪，像被吸收了似的。因此，他们怀疑以前盖拉在撒谎。因为盖拉说，他走进洞里看见他太太死去，但没有力气将她拖出来，理由是盖拉太太穿着衣服。然而现在的实验

表明，这里根本就没有人。为了证实自己的推理的正确性，他们又做了一个实验，斯兰达穿戴整齐，贴在右边那棵会吸住人的那棵树上，两个小时后，大家吃惊地看到斯兰达身上的布料像被风化了一样荡然无存，而他则完好无损的落下地来。

回到营地，他们向4名女青年添油加醋地描述他们的实验经过，她们都想亲自去看看这两棵天下奇树。几名男青年见劝不住她们，又想并没有什么危险就由她们去了，只是罗德兹远远地跟在她们后面。当几个姑娘离樟树只有七八米远的时候，罗德兹陡然看见4名姑娘一起飞了起来，她们惊叫着冲进了会吸引人的树旁边那棵有洞的樟树洞口。他大叫着"快脱衣服"，并迅速脱下自己的衣服赶去救人。

　　那大树洞口一下子不能同时吸进4个人，其中一个姑娘手扣住洞口，拼命地呼喊着罗德兹快来救命，罗德兹来到树前，看见姑娘的双腿和大半个身体已经被吸进洞去，只剩头和双手还在树外，但不到2秒钟，他们就再也无力抵挡，被吞进了树洞。等罗德兹回去叫来同伴返回洞中时，洞中却空无一人，她们不知到哪里去了，洞中只留下4副耳环和5枚戒指。

世界上真的存在吃人树吗

　　有关吃人植物的最早消息来源于19世纪后半叶的一些探险家们，其中有一位名叫卡尔的德国人在探险归来后说："我在非洲的马达加斯加岛上，亲眼见到一种能够吃人的树木，当地居民把它奉为神树，曾经有一位土著妇女因为违反了部族的戒律，被驱赶着爬上神树，结果树上8片带有硬刺的叶子把她紧紧包裹起来，几天后，树叶重新打开时只剩下一堆白骨。"

于是，世界上存在吃人植物的骇人传闻便四下传开了。打这以后，又有人报道在亚洲和南美洲的原始森林中发现了类似的吃人植物。

吃人树考察

这些报道使植物学家们感到困惑不已。为此，在1971年有一批南美洲科学家组织了一支探险队，专程赴马达加斯加岛考察。他们在传闻有吃人树的地区进行了广泛搜索，结果并没有发现这种可怕的植物，倒是在那儿见到了许多能吃昆虫的猪笼草和一些蜇毛能刺痛人

的荨麻类植物。这次考察的结果使学者们更怀疑吃人植物存在的真实性。

1979年，英国一位毕生研究食肉植物的权威家艾得里安·斯莱克，在他刚刚出版的专著《食肉植物》中说，到目前为止，学术界尚未发现有关吃人植物的正式记载和报道，就连著名的植物学巨著、德国人恩格勒主编的《植物自然分科志》以及世界性的《有花植物与蕨类植物辞典》中，也没有任何关于吃人树的描写。除此以外，英国著名生物学家华莱士在艾得里安走遍南洋群岛后撰写的名著《马来群岛游记》中，记述了许多罕见的南洋热带植物，也未曾提到过有吃人植物。所以，绝大多数植物学家认为，世界上并不存在这样一类能够吃人的植物。

为什么会出现吃人植物的说法呢

艾得里安·斯莱克和其他一些学者认为，最大的可能是根据食肉植物捕捉昆虫的特性，经过想象和夸张而产生的。当然也可能是根据某些未经核实的传说而误传的。

根据现在的资料已经知道，地球上确确实实地存在着一类行为独特的食肉植物，也称为食虫植物。它们分布在世界各国，共有500多种，其中最著名的有瓶子草、猪笼草和捕捉水下昆虫的狸藻等。这些植物的叶子能分泌出各种酶来消化虫体，它们通常捕食蚊蝇类的小虫子，但有时也能吃掉像蜻蜓一样的大昆虫。

但是，艾得里安·斯莱克强调说，在迄今所知道的食肉植物中，还没有发现哪一种是像文章中所描述的那样："这种奇怪的

树，生有许多长长的枝条，行人如果不注意碰到它的枝条，枝条就会紧紧地缠来使人难以脱身，最后枝条上分泌出一种极黏的消化液，牢牢把人粘住勒死，直至将人体中的营养吸收完为止，枝条才重新展开。"

延 伸 阅 读

　　吃人树：生长在印度尼西亚爪哇岛上的奠柏树高八九米，长着很多长长的枝条，如果有人不小心碰到它们，树上的枝条就像魔爪似地向同一个方向伸了过来，把人卷住，树枝很快就会分泌出一种黏性很强的胶汁，消化被捕获的食物。

会流血的树

龙血树

在我国西双版纳的热带雨林中生长着一种很普遍的树，叫龙血树，当它受伤之后，就会流出一种紫红色的树脂，把受伤部分染红，这块被染的坏死木，在中药里也称为血竭或麒麟竭，与麒麟血藤所产的血竭具有同样的功效。

龙血树是属于百合科的乔木。虽然只有10多米高，但树干却

异常粗壮，直径可达一米左右。它那带白色的长带状叶片，先端尖锐，像一把锋利的长剑倒插在树枝的顶端。

一般说来，单子叶植物长到一定程度之后就不能继续加粗生长了。龙血树虽属于单子叶植物，但它茎中的薄壁细胞却能不断分裂，使茎逐年加粗并木质化，而形成乔木。龙血树原产于大西洋的加那利群岛。全世界共有150种，我国只有5种，生长在云南、海南岛、台湾等地。龙血树还是长寿的树木，最长的可达6000多岁。

胭脂树

在我国云南和广东等地还有一种称作胭脂树的树木。如果把它的树枝折断或切开，也会流出像血一样的液汁。其种子有鲜红色的肉质外皮，可作为红色染料，所以又称红木。

胭脂树属红木科红木属。为常绿小乔木，一般高达3米至4

米，有的可到10米以上。其叶的大小、形状与向日葵叶相似。叶柄也很长，在叶背面有红棕色的小斑点。有趣的是其花色有多种，有红色的，有白色的，也有蔷薇色的，十分美丽。红木连果实也是红色的，其外面长着柔软的刺，里面藏着许多暗红色的种子。胭脂树围绕种子的红色果瓤可作为红色染料，用以渍染糖果，也可用于纺织，为丝绵等纺织品染色。其种子还可入药，为退热剂。树皮坚韧，富含纤维，可制成结实的绳索。奇怪的是如将其木材互相摩擦，还非常容易着火。

会流血的鸡血藤

人有血液，动物有血液，难道植物也有血液吗？有的。在世界上许多地方，都发现了洒"鲜血"和流"血"的树。

我国南方山林的灌木丛中，生长着一种常绿的藤状植物——鸡血藤，总是攀援缠绕在其他树木上。每到夏季，便开出玫瑰色的美丽花朵。当人们用刀子把藤条割断时，就会发现，流出的液汁先是红棕色，然后慢慢变成鲜红色，跟鸡血一样，所以叫鸡血藤。　科学家经过化学分析，发现这种血液里含有鞣质、还原性糖和树质等物质，可供药用，有散气、去痛、活血等功用。它的茎皮纤维还可制造人造棉、纸张、绳索等，茎叶还可作为灭虫的农药。

血桐

血桐的叶柄，是在叶的中间偏上，很像古时候作战用的盾牌，非常容易辨认。由于血桐并没有高经济价值，农人总会顺手把挡路的枝条折断，断裂处缓缓流出白色乳汁，起先并不显眼，枝条被砍断之后，树干中心的髓部，会流出透明汁液，经空气氧化，干后颜色会呈现血红色，仿佛流血似的，所以被称为血桐，也称之为流血树。

有趣的植物血型

植物的血型是一位名叫山本的日本法医在偶然一次机会中发现的。一次，夜间有位日本妇女在她的居室死去，警察赶到现场，一时还无法确定是自杀还是他杀，便进行血迹化验。经化验死者的血型为O型，可枕头上的血迹为AB型，于是便怀疑是他杀。可后来一直未找到凶手作案的其他佐证。

这时候有人提出，枕头里的荞麦皮会不会是AB型呢？这句话提醒了山本，他便取来荞麦皮进行化验，果然发现荞麦皮是AB型。这件事引起了轰动，促进了山本对植物血型的研究。他先后对500多种植物的果实和种子进行观察，并研究了它们的血型，发现苹果、草莓、南瓜、山茶、辛夷等60种植物是O型，珊瑚树等24种植物是B型，葡萄、李子、荞麦、单叶枫等是AB型，但没找到A型的植物。

根据对动物界血型的分析，山本认为当糖链合成达到一定的长度时，它的尖端就会形成血型物质，然后合成就停止了。也就是说血型物质起了一种信号的作用。正是在这时候才检验出了植物的血型。

山本发现植物的血型物质除了担任植物能量的贮藏物外，由于本身黏性大，似乎还担负着保护植物体的任务。

人类血型是指血液中红细胞膜表面分子结构的型别。植物有体液循环，植物体液也担负着运送养料，排出废物的任务，体液细胞膜表面也有不同分子结构的型别，这就是植物也有血型的秘密所在。

事实上，所谓植物的"血"，指的就是植物的体液（营养液）。植物的"血型"，实际是由体液中某种细胞的外膜结构的差异决定的。人们说的"植物血型"，不过是通俗的讲法。确切地说或科学地说，应该是"植物体液液型"。

研究证实，植物体内存在的"体液液型"是一类带糖基的蛋白

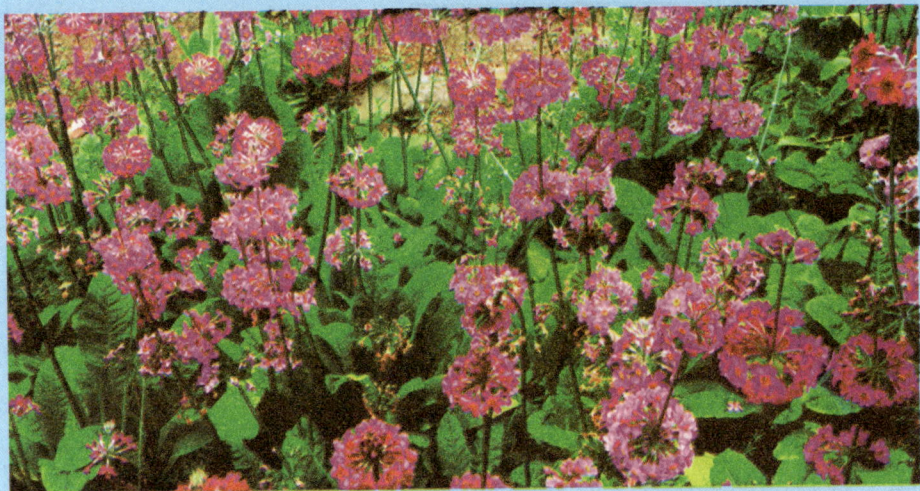

质或多糖链，或称凝集素。有的植物的糖基恰好同人体内的血型糖基相似。不同的血型糖决定了不同的血型。

但植物体内的血型物质是怎样形成的，至今还没有弄清其原因。植物血型对植物生理、生殖及遗传方面的影响，也还都没有弄明白。

植物血型的广泛用途

植物血型之谜，目前还没有全部揭开，但是已开始在侦破案件中应用。据报道，在日本中部地区的某县发生了一次车祸，一名儿童被撞伤，肇事司机跑了。

后来警察在一个乡村发现了这辆汽车，经过验证轮子上的血型，除了有被撞儿童的O型血外，还有B型血和AB型血。

当时警察认为，这辆汽车除了撞伤这位儿童外，还撞伤或撞死过其他人，但司机只承认撞伤了那名儿童，不承认还撞过其他人。后来经过科学研究所的验证，原来其余两种血型是植物的血型，这样才使案件得到正确处理。

植物体内为什么会存在血型物质，血型物质对植物本身有何意义呢？科学家通过实验证明，当其体内糖链合成达到一定长度时，在它的顶端就会形成血型物质，然后合成就停止了。也就是说，血型物质是起一种信号作用。有的科学家认为，植物的血型物质，还具有贮藏能量的作用。

那么，科学家又是怎样对植物进行血型鉴定的呢？人体血型鉴定，是用抗体鉴定人体内是否存在有某种特殊的糖。科学家鉴定植物血型的方法是利用人体或动物血液分离出来的抗体，然后观察抗体与植物体内汁液的反应情况，由此即可得知植物血型。

植物血型的发现，将有助于生物学家对细胞融合、品种杂交、种间嫁接等的深入研究。

延 伸 阅 读

在福建沿海海拔800米左右的悬崖山上，有一种会流血的芋子，人们叫它"红孩儿"。当用小刀切开它时，就会流出像血一样的汁出来。"红孩儿"喜欢生长在阴暗、潮湿的悬崖山沟里，表皮粗糙。据说是一味很好的中药。

奇异珍稀的植物

生物多样性的特点决定了自然界充满了许多神奇的物种，植物界也不例外。在全球范围内，奇异的植物可谓数不胜数，以下就是几种最罕见、最奇异的珍稀植物物种：

非洲白鹭花

非洲白鹭花是非洲南部的一种寄生植物，通常寄生于其它物种的根部。它们的花在地下生长，也可以长到地面之上。长出地面之上的花朵好像是一条盲眼海蛇，正向外面的世界张开大嘴。

非洲白鹭花最奇特之处不仅仅在于外形，还在于它的气味，这种气味就好似粪便的臭味，非常难闻。它们就是利用臭味吸引诸如腐尸甲虫等花粉传播者来帮助它们传粉。

白星海芋

白星海芋的花朵巨大，而且会释放出一种难闻的腐肉味道。这种气味

可以吸引雌性大苍蝇为其传粉。当大苍蝇飞到它们身上时，它们就用自己巨大的花朵将其捕获并困于花朵之中一整夜。第二天，白星海芋才会张开花朵，将粘满花粉的大苍蝇释放。当大苍蝇飞临第二棵白星海芋花朵之上时，传粉任务就完成了。

捕虫堇

捕虫堇是一种典型的机会主义者，它们会紧紧抓住所有降落到它们叶子表面的昆虫并立即开始消化猎物。

捕虫堇的上表面覆盖着一层粘性消化酶，这种消化酶不仅仅可以粘住并消化蚊子、昆虫等猎物，而且还可以吸收这些昆虫身上所携带的花粉中的营养。

延 伸 阅 读

斯诺登水兰看起来并不是外观最奇怪的，也不是体型最大的，更不是气味最臭的，它的奇特之处在于它是世界上最罕见的植物。数百年来它一度曾经消失，2002年，它又再次被发现于英国威尔士的一个山谷斜坡上。

能反击干旱的植物

水对植物的重要性

水是植物体内最多的物质，也是最重要的、无法替代的物质。水分占植物体鲜重的60%至90%，既可作为各种物质的溶剂充满在细胞中，也可以与其他分子结合，维持细胞壁、细胞膜等的正常结构和性质，使植物器官保持直立状态。植物细胞内的物质运输、生物膜装配、新陈代谢等过程都离不开水。

如果没有水，植物将无法顺利地散发热量，保护自己不受炎夏的烈日灼伤。如果没有水，植物也无法吸收土壤中的矿物质和有机营养。

水不但是植物体自身生长和发育必需的物质条件，也是植物体与周围环境相互联系的重要纽带。

当植物遇到干旱时

当一棵正在旺盛生长的植物所能吸收的水分不能满足自身需求时，最初，叶片只是一点一点地萎蔫。如果不能得到及时的水分补给，植物就会逐渐放慢甚至停止生长发育，叶片乃至整个植株逐渐干枯，变黄脱落，轻则生物量下降，重则植物死亡。

导致植物干旱的原因有很多，一种是由于土壤水分不足，致使土壤盐分浓度增高和有毒物质增多，使植物根系不

能吸水分而萎蔫，还会进一步加深干旱的伤害。

那么，植物在干旱来临时就只能被动忍耐、束手无策了吗？

虽然对大多数陆生植物来说，抵御干旱的能力有限，尤其是生长在水分较丰富地区的那些很少遇到干旱的湿生植物和中生植物，即使这些植物也都具有一些基本的手段，可以抵御持续时间短的、程度较轻的干旱胁迫。

如果干旱胁迫延长，植物就会加强根系的生长，主根向下伸长进入更深的地底寻找水源，侧根和根毛增多，使植物吸收水分的面积增大，促进水分的吸收。同时减缓地上部的生长，以减少水分和能量消耗，并转向生殖生长，促进衰老以加速果实和种子成熟，以生物量和产量为代价来换取生命的延长和延续。这也是为什么旱灾经常导致严重的农作物减产。

植物对决干旱

　　伟大的自然界中总有坚强的斗士。虽然干旱会对植物造成巨大的伤害，虽然植物无法像人和动物一样逃离危险，但是即使一望无垠的墨西哥北部高原也遍布着"荒漠之泉"仙人掌，甚至坚硬的石头上都可以看见倔强的"九死还魂草"卷柏。我们不得不赞叹自然进化的神奇和生命的顽强！

　　这些不幸生长在缺水、干旱环境下的植物又是怎样活下来的呢？

　　在非洲的撒哈拉大沙漠里生长着一种叫"短命菊"的菊科植物，只要有一点点雨滴的湿润，它的种子就会马上发芽生长，在短暂的几个星期里完成发芽、生根、生长、开花、结果、死亡的

全过程。

　　沙漠中还有一种木贼，它的种子在降雨后10分钟就开始萌动发芽，10个小时以后就破土而出，迅速地生长，仅仅两三个月就走完了自己的生命历程。它们懂得适应气候特点，利用短暂的雨季或仅一次降雨来完成生长和繁殖，而避开旱季。

　　更多的植物是通过一些特殊的结构上的适应，来维持在干旱环境中生长发育所需的水分，这些植物通常被冠以"耐旱植物"的美称。

　　例如一些生长在我国西北沙漠和戈壁中的植物常具有十分发达的根系，能充分利用土壤深层的水分，并及时供应地上器官，就像沙漠中的胡杨树，可将根扎进地下10多米，顽强地支撑起一

片生命的绿洲。

有些植物为了抗旱，退化叶片，或将叶片变成鳞片、膜、鞘、革质，以减小蒸腾失水，就像梭梭和柽柳，最大限度地保持和利用来之不易的有限水分。还有些植物具有特殊的控制蒸腾作用的结构，如马蔺叶片表面具有的厚角质层，沙冬青的叶表面有一层蜡质或灰白色毛，夹竹桃叶片气孔凹陷等。这些耐旱植物对付旱情的有力措施，都是通过有效地保水或吸水以保持达到水分平衡的目的。

仙人掌科和景天科植物更为特殊，具有肉质结构，贮水组织非常发达，如北美洲沙漠中的仙人掌，一棵可以高达15米至20米，贮水2000千克以上。

　　另外，这类植物有特殊的光合固定二氧化碳途径，气孔白天关闭，利用体内固定的二氧化碳进行光合作用。夜晚张开，吸收二氧化碳并固定。这样一来，既可以减少蒸腾量，维持水分平衡，又能同化二氧化碳，这种策略也是保水耐旱。

神奇的复苏植物

　　自然界中还有一类植物，可以生活在极端干旱的环境里，但是并没有特殊的结构来保水，也没有强大的根系来吸水。这类植物采取的是一种相反的策略，即快速彻底地脱水，减弱生理代谢活动，进入一种类似休眠的状态度过干旱时期。而在水分变得充足时又快速地吸收水分，恢复生活状态，继续完成其生活史。

　　在休眠至生长的这个过

程中，这些植物表现出形态结构上的可见变化，干旱时叶片发生卷曲、变硬、失绿，复水时逆转，重新变得舒展、柔软、鲜绿，就像死而复生一般，因此人们把这类植物称为复苏植物。我国明代《本草纲目》中就记载过的"九死还魂草"卷柏，可以在晾干后，经浸水而生。

科学研究告诉我们的真相

细胞学和分子证据显示低等复苏植物和高等复苏植物在干旱和复水过程中的表现和采取的手段是不同的，后者显然更经济划算。虽然很多陆生植物的种子和花粉能够耐脱水，但复苏植物是唯一能够以叶子等营养器官忍耐脱水的一类植物。

最新的理论推测耐脱水性是一种古老的性状，大概在植物从水生向陆生进化的过程中获得。但由于陆生植物获得了越来越有效地吸收、运输和保持水分的结构，如维管组织，这种耐脱水能力仅仅被保留在种子和花粉中，而在叶片等营养器官中被丢失了。只有生活在长期或季节性干旱环境中的一些植物在长期适应性进化过程中对种子中的耐脱水程序进行重新编程，使之在营养器官中重现而重新获得了复苏能力。

人类的不断探索

对自然奥妙的好奇一直是科学进步的主要动力之一。虽然植物干旱反应与适应这个问题在人类孜孜不倦的努力探索下已经获得了长足的进步，然而，关于形形色色的避旱植物和耐旱植物适

应干旱的分子机理、环境影响与遗传控制，以及能否加以利用来改良农作物的抗旱性，仍然是很多科学工作者正在努力攻关的难题。

延 伸 阅 读

仙人掌：常具有在干旱季节休眠的特性，雨季来临时，它们迅速吸收水分重新生长，并开放出艳丽的花朵。它们的叶子变异成细长的刺或白毛，可以减弱强烈阳光对植株的危害，减少水分蒸发。

能探矿的植物

有去无回的谷

在美洲一个神秘的山谷，那里土壤肥沃，风和日丽，但到那里居住的人，都很难逃脱死亡的命运，因此当地的印第安人称它为"有去无回谷"。

后来，欧洲移民来到那里，耕耘播种，种出了庄稼，获得了丰收。可是好景不长，一种莫名其妙的怪病使他们惊恐不安。

患了这种病的人，眼睛慢慢失明，毛发逐渐脱落，最后体衰力竭而死亡。慢慢的这个山谷又荒芜了。

直至第二次世界大战结束后，地质人员到那里探矿，才揭开

了其中之谜。原来，那里地层和土壤中含有大量的硒，同时又缺少硫，植物为了能正常生长，就拼命地从土壤中吸收性质与硫相近的硒，以补充硫的不足。

硒有毒，庄稼中富含了大量的硒，人们吃了之后就会患这种怪病而死亡。

地质学家弄清了"有去无回谷"的真相后，受到了很大的启发，并发现植物可以帮助人们找矿。

在我国和朝鲜的边界地区，生长着一种铁桦树。它的比重很大，木材下水就沉；而且，无论在水里泡多久，内部也不腐烂。它木质坚硬，甚至连铁钉都很难钉进去，是世界上最硬的木材之一；人们把它用作金属的代用品，前苏联就曾经用铁桦树制造滚球、轴承，并用

在快艇上。铁桦树的木质之所以如此坚硬，是由于吸入了大量硅元素的缘故。因此，在铁桦树生长茂盛的地方，就有可能找到硅矿。

能预测矿种的植物

在我国的长江沿岸生长着一种叫海州香薷的多年生草本植物，茎方形，多分枝，花呈蓝色或蔚蓝色。科学家研究证明，它的花的颜色是铜给染上去的。海州香薷很喜欢吸收铜元素，当吸收到体内的铜离子形成铜的化合物时，便将花染成蓝色。

所以，凡是这种草丛生的地方，就有可能找到铜矿。1952年我国地质工作者从海州香薷大量生长的地方发现了大铜矿，因此香薷又有了"铜草"的美名。

在乌拉尔山区，地质学家以一种开蓝花的野玫瑰为向导，发现了一个很大的铜矿。原来，开红花的野玫瑰如果吸收了大量的铜，就会开出蔚蓝色的花，这一异常变化提醒人们在当地可以寻找铜矿。有人还根据一种叫灰毛紫穗槐的豆科植物，找到了铅矿，根据堇菜找到了锌矿。

此外，地质工作者还发现，在大量生长七瓣莲的地方，可能找到锡矿；在密集生长长针茅或锦葵的地方，可能找到镍矿；在茂盛生长喇叭花的地方，可能找到铀矿；在开满铃形花的地方，可能找到磷灰矿；在忍冬丛生的地方，可能找到银矿；在羽扇豆生长的地方可能找到锰矿；在红三叶草生长的地方，可能找到稀有金属钽矿；在问荆、风眼兰生长旺盛的地方，地下往往藏有金矿。

有一种野生石竹，又名洛阳花、洛阳石竹等，原产中国东北，华北、长江流域及东南亚地区，分布区域很广，除华南较热地区外，几乎中国各地均有分布。1985年，在胶东三山岛金矿，石竹被首次发现与金矿在空间上的伴生关系。经过5年的调查研究，确定它就是胶东金矿直接指示植物。在7～8月开花期，由于红色石竹花易于识别，用于发现金矿点和异常点特别有效。

1810年，美国一位地质学家在马里兰州和宾夕法尼亚州的交界地带勘查时发现，那里的冬青树叶脉为绿色，但叶子的其他部分是黄色。这位地质学家猜测，这是不是地下某种矿物元素所导致的结果。他集中精力在叶子黄得厉害的地方进行勘查，果然找到了含量很丰富的铬铁矿。

金属铊能够在蕨类植物中大量聚集，而且在同一植株的不同部位，也有很大不同，叶和根中的铊含量明显高于茎中，同一植物的老枝比新枝中含铊量高。因此，不同植物以及同一植物的不

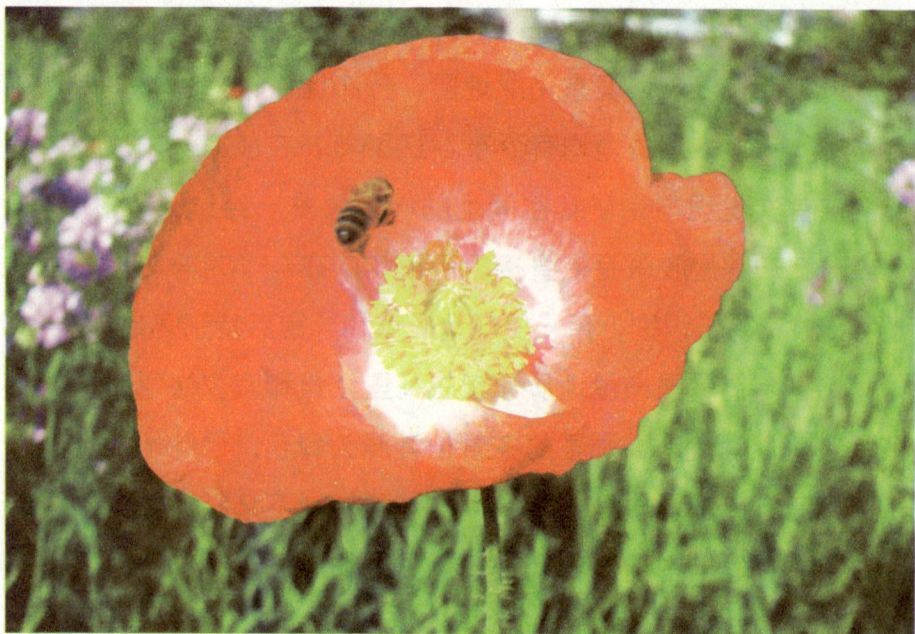

同部位对铊的指示作用并不相同。研究发现，芒箕、南烛和椰榆等是找铊矿的有效指示植物。

有趣的是一些生长畸形的植物，也往往是人们找矿的好向导。有一种叫猪毛草的植物，当它生长在富含硼矿的土壤中时，枝叶变得扭曲而膨大；青蒿生长在一般土壤中时，植株高大，而生长在富含硼的土壤中时，就会变成"小矮老头"。根据它们的这种畸形姿态，便可能找到硼矿。有的树木会患一种巨枝症，枝条长得比树干还长，而叶片却变得很小，这种畸形的树可指示人们找到石油。

根据植物花的颜色变化，人们也可以找到相应的矿藏。比如，铜可以使植物的花朵呈现蓝色；锰可以使植物的花朵呈现红色；铀可使紫云英的花朵变为浅红色；锌可以使三色堇的花朵蓝黄白三色变得更加鲜艳；而锰又可使植物的花朵失去色泽等等。

科学家把这些能够报矿的植物称为"指示植物"。

　　生长在土壤深处的真菌能分解矿物，使金属原子溶于地下水中，而植物根能把水中的金属原子吸收，然后输送到茎秆和花叶里，此种金属原子对花草树木的高矮和花瓣的颜色会产生影响。因此花草树木的高矮、叶子里含有的金属原子以及花瓣的颜色，能为人们提供报矿信息。

　　由于植物具有将土壤或水中的矿质元素浓集到体内的奇特本领，所以它们不仅可帮助人们找矿，而且还是采矿能手。

能提取矿的植物

　　在地球上，有些矿物质比较分散，有的矿藏含量很低，提炼起来比较困难，开采需要付出很大代价，于是人们就用一些植物来帮助开采。

　　例如，地质学家在揭示了"有去无回谷"的奥秘之后，就在

那里种上许多紫云英，紫云英从土壤中吸收大量硒，积存在体内，然后人们把它割下来，晒干、烧成灰烬，再从灰中提取硒，每公顷紫云英可得到2千克的硒。

在巴西的缅巴纳山区，生长着许多暗红色的小草，这种草嗜铁如命，在体内富集了大量的铁元素，它的含铁量甚至比相同重量的铁矿石还高，因此人们称它为铁草。把这种草收割起来，经提炼后即可得到高质量的铁。

还有一种锌草喜欢生长在含锌丰富的土壤中，它的根系从土壤中吸收锌，就贮存在体内。用锌草来提炼锌，从燃烧后的每千克锌草的灰烬中可得到294克锌。

黄金是贵重金属，将玉米种植在含有金矿的地方，便可以从玉米植株中提取金子，捷克科学家从1000克玉米灰里获得了10克金子。后来，日本地质学家发现马鞭草科的一种叫薮紫的落叶灌木，对金元素具有极强的吸收能力，所以从这种植物体中也可以提炼得到金子。

钽是一种稀有金属，提炼很困难，价格昂贵。紫苜蓿具有富集钽的本领，人们将它种植在含有钽的土壤

中，从大约0.4平方千米的紫苜蓿中可提炼出200克的钽。还有人发现红车轴草的花中含有大量的钽。于是培养了一种蜂，专门吃这种花的花蜜，然后再从蜂蜜中提取钽，700千克蜂蜜中可提取200克钽，而且蜂蜜的质量并不降低，仍可供人类食用。真是钽、蜜双丰收，一举两得。

另有一种亚麻植物，对铅元素具有较强的吸收能力，从它燃烧后的灰里，氧化铅含量可高达52%，简直成了植物矿石。

人们还可以利用水生植物从水中采矿或回收废水中的贵重金属。如生长在大海里的海带，能从海水中富集大量的碘元素，因此人们就把它作为向大海要碘的好帮手。

又如，水凤莲能从废水中吸收金、银、汞、铅等重金属。据

测定，一亩水浮莲每4天就可从废水中获取75克的汞。

正是因为植物具有富集一些矿质元素的本质。所以人们可以有目的地筛选和培育出适当的植物，来帮助人类采矿。

延 伸 阅 读

赞比亚有一种奇花叫铜花，枝干挺拔，叶片对生，开蓝色的花朵。凡是铜花生长非常多的地方，就可能有优质的铜矿存在。有一家铜矿公司的地质学家，在铜花的指引下，曾找到了一个富铜矿。

能预测环境的植物

神奇的指示植物

在植物这个奇妙的王国里，有些植物具有神奇的指示作用。如果稍加留意的话，就可以发现一个有趣的现象：牵牛花的颜色早晨为蓝色，而到了下午却变成了红色。这是为什么呢？

原来，牵牛花中含有花青素，这种色素具有魔术师般的本领，当遇碱性时为蓝色，而遇酸性时又变为红色。随着一天从早晨至晚上空气中二氧化碳浓度的增加，牵牛花对它的吸收量也逐

渐增加，花朵中的酸性也不断提高，从而造成牵牛花的颜色由蓝变红。由此可见，牵牛花对空气中的二氧化碳的含量具有指示作用，所以称这类植物为指示植物。

随着人类对原子能的广泛利用，辐射危害也日益受到人们的重视。有一种叫紫鸭跖草的植物，它的花为蓝色，但受到低强度的辐射后，花色即由蓝变为粉红色，所以紫鸭跖草是测量辐射强度的指示植物。

监测环境污染的植物

利用指示植物还可以监测环境污染的情况。比如，在绿化树种中，树姿优美、常年碧绿的雪松，对二氧化硫和氟化氢很敏感，若空气中有这两种气体存在时，它的针叶就会出现发黄变枯现象。因此，当见到雪松针叶枯黄时，在其周围地区往往可以找到排放二氧化硫和氟化氢的污染源。

科学家研究发现，高大的乔木、低矮的灌木和众多的花草，以及苔藓、地衣等一些低等植物，都可以作为监测环境污染的指示植物。它们是忠实可靠的"监测员"和"报警器"，在空间的不同层次组成了庞大的监测网。这些植物是：紫花苜蓿、雪松、日本落叶松、核桃、向日葵、灰菜、胡萝卜、菠菜、芝麻、栀子花等，可监测二氧化硫。

郁金香、落叶杜鹃、大叶黄杨、桃、杏、唐葛蒲等，可监测氟化氢。

海棠、苹果、山桃、毛樱桃、小叶黄杨、油松、连翘、玉米、洋葱等可监测氟化氢。

女贞、樟树、丁香、牡丹、紫玉兰、垂柳、葡萄、苜蓿等可监测臭氧。

向日葵、杜鹃、石榴等可监测氧化氮。矮牵牛、烟草、早熟禾等可监测光化学烟雾。

此外，落叶松可监测氯化氢；柳树、女贞可监测汞；紫鸭跖草可监测放射性物质。

指示植物能监测环境污染的奥秘

那么，指示植物为何能监测环境污染呢？因为不同植物在生理上存在着特异性，故对不同的污染物质，表现出的反应和敏感性也不一样，受害后出现的症状也各异。当大气受到二氧化硫、氟化氢、氯气等污染时，这些有害气体可以通过叶片上的气孔进入植物体内，受害的部位首先是叶片，叶片会出现各种伤斑，不同的有害气体所引起的伤斑也不一样。

二氧化硫进入植物体内，伤斑往往出现在叶脉间，呈点状和块状，颜色变成白色或浅褐色。氯能很快地破坏叶绿素，使叶片产生褪色伤斑，严重时甚至全叶漂白脱落。光化学烟雾含有各种氧化能力极强的物质，可使叶片背面变成银白色、棕色、古铜色或玻璃状，叶片正面出现一道横贯全叶的坏死带，严重时整片叶

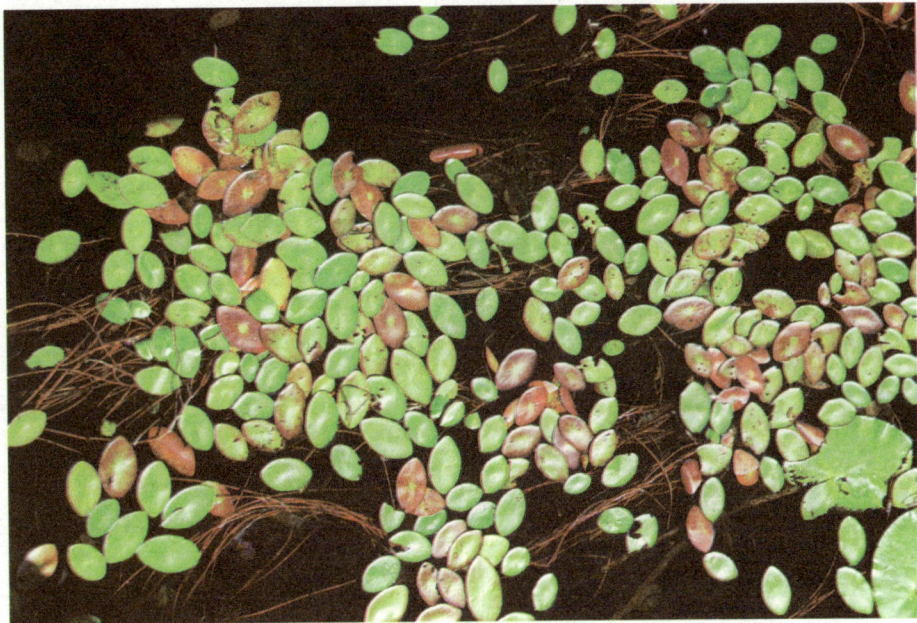

子变色，很少发生点状和块状伤斑。

二氧化氮，使叶脉间和近叶缘处，出现不规则的白色或棕色解体伤斑。臭氧往往使叶片表面出现黄褐色或棕褐色斑点。氟引起的伤斑大多集中在叶尖和叶的边缘，呈环状和带状。指示植物不仅能告诉人们大气受到哪种有害气体的污染，同时还能粗略地反映出污染程度的大小。所以人们称赞这些植物是保护环境的"监测员"。根据监测结果，即可采取有效的治理措施。

指示植物监测环境污染的优点

1.比使用仪器成本低，方法简单，使用方便，预报及时，适于开展群众性监测活动。在工厂的四周栽种上一些指示植物，既可监测污染，又美化了环境，一举两得。

2.对污染很敏感，在人还未感觉到，甚至连仪器还测试不出来的时候，一些植物却出现了明显的受害症状后，或花朵变色、

或叶呈斑点。

3.植物不仅能监测现时的污染，而且还能指示过去的污染情况。比如，根据一些树木年生长量的变化，尤其是从树干的年轮来测定，估测过去30年中大气污染的程度，结果相当准确。而这些用一般仪器是测不出来的。

延 伸 阅 读

在植物界中唐菖蒲对氟化氢反应十分敏感，当大气中氟化氢浓度超过环境卫生标准15倍时，24小时后便会出现受害症状，首先在叶尖和叶缘出现油浸状褪色带，渐渐枯黄，再变成褐色。因此，唐菖蒲是监测大气中氟化氢污染的特灵花卉。

发弹和产油植物

会发炮弹的喷瓜

喷瓜是葫芦科喷瓜属植物。它是一种著名的会发射"炮弹"的植物，原产地中海地区，在我国有栽培。喷瓜的果实为圆柱形，长0.04米至0.06米，果实外皮有粗糙毛。

喷瓜的果实成熟后，生长着种子的多浆质的组织变成黏性液体，挤满果实内部，强烈地膨压着果皮。这时果实如果受到触

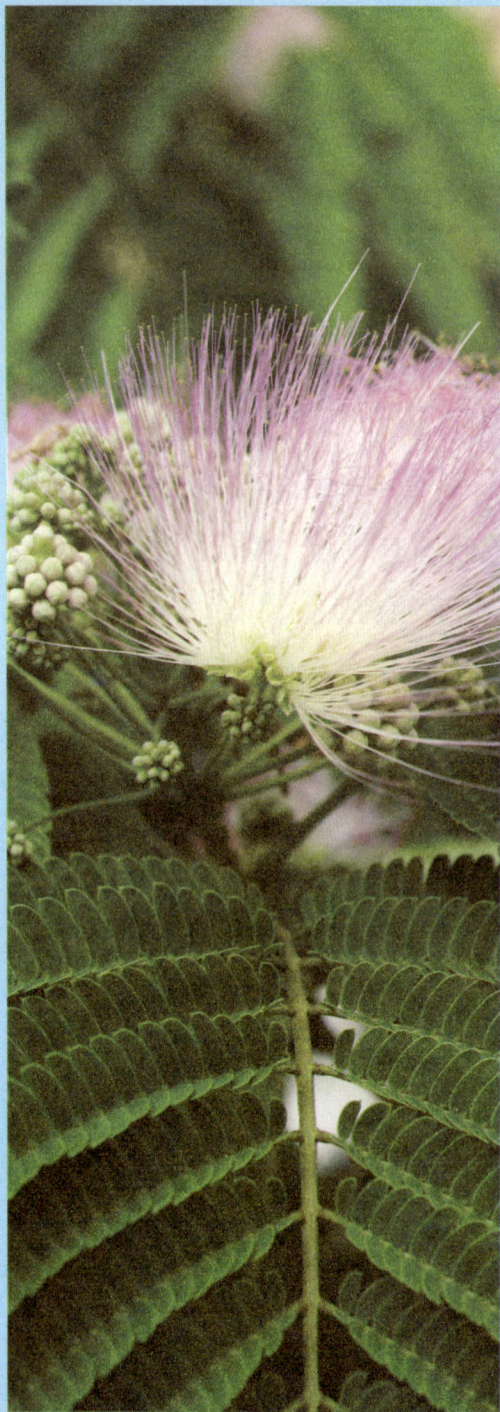

动，就会"砰"的一声破裂，好像一个鼓足了气的皮球被刺破后的情景一样。喷瓜的这股气很猛，可把种子及黏液喷射出10多米远。因为它力气大得像放炮，所以人们又叫它铁炮瓜。

更有趣的是凡是垂地的果实，其果柄都是倾斜向上，与地面成40度至60度夹角，可将种子喷射出数米甚至12米以外的地方，使数十枚种子遍撒在30平方米左右的面积上。不过，我们应当注意的是喷瓜的黏液有毒，不能让它滴到眼中。

含羞草的炸药包

含羞草是豆科含羞草属植物，是人们所熟悉的观赏植物，也是一种药用植物。秋季开淡紫红色的花，组成圆头状花序，在开花之后，能形成几个0.02米至0.03米长的荚果。

等种子成熟时，就变成一包"炸药"。这时，只要有只昆虫轻轻地碰一下果壁，荚果里面蜷曲得像钟表发条似的分荚片，会把种子弹射出好几米远。豆科植物的许多种类都有在种子成熟时能炸裂的特性，例如大豆、绿豆、赤豆等。这些植物当种子即将成熟时要及时收获，否则就会造成经济损失。

世界的石油危机

地球上贮藏的煤炭和石油资源很有限。据科学家估计，按照目前的消耗速度，整个地球上的煤用不了200年，石油用不了100年。这是十分令人担忧的。因此，科学家们想到：可不可以从植

物身上榨出石油呢？

近些年，美国加利福尼亚大学的梅尔温·卡尔文教授对植物是否能产石油这一问题做了深入的研究，并予以肯定的回答。卡尔文曾从世界各地收集了3000多种含碳氢化合物的植物标本，并对2000多种植物进行了栽培和制取石油的试验。

结果发现，大戟科的许多植物所产生的一种乳状汁液中，竟含有30％至40％类似石油的碳氢化合物。这些化合物稍经处理就可以作为石油的代用品。

能长石油的树

更令人惊奇的是，1978年卡尔文在巴西热带丛林中意外地发现了一种能长石油的树，这就是香胶树。这种树属于苏木科，为常绿乔木。其树干里含有大量的树液，这是一种富含倍半萜烯的柴油。这种树液可不用提炼直接当柴油用。人们只要在香胶树上打个洞，在洞口插进一根管子，油液便会排出。

一棵直径1米、高30米的香胶树，两个小时便可收得10升至20升的树液。而取树液后用塞子将洞口塞住，6个月后还可以再次采油。据估计，一公顷土地种上90棵香胶树，可年产石油225桶。目前，巴西、美国、日本、菲律宾等国已开始种植这种柴油树。

我国的林学家在我国海南省尖峰岭林区，也发现一种会产柴油的树，这就是油楠。它也属苏木科，为常绿大乔木。其树心含油状树液，可燃性同柴油相似，当地居民常用它替代煤油来照明。科学家曾对树液化学成分进行测定分析，其结果表明，树液中含依兰烯、丁香烯等11种化合物。一棵油楠树通常可产油几千

克，最高可达几十千克。科学家相信，将来人类将大规模地通过种植石油树来获取石油。

再生能源石油植物

随着能源消耗量的不断增加，有限的常规化能源煤、石油、天然气等日趋紧缺，然而，正当人们对能源的前景感到暗淡和忧虑的时候，科学家发现了新的再生能源，即石油植物。

所谓石油植物，指那些可以直接生产工业用燃料油，或经发酵加工可生产燃料油的植物的总称。例如，现已发现的大量可直接生产燃料油的植物，主要分布在大戟科，如绿玉树、三角戟、续随子等。这些石油植物能生产低分子量氢化合物，加工后可合成汽油或柴油的代用品。据专家研究，有些树在进行光合作用时，会将碳氢化合物储存在体内，形成类似石油的烷烃类物质。

如巴西的苦配巴树，树液只要稍做加工，便可当做柴油使用。如前所述，目前全世界植物生物质能源每年生长量相当600亿吨至800亿吨石油，为目前世界开采量的20倍至27倍，可见潜力之大。目前，英、美等一些工业发达国家用木材加工出石油已达到实用阶段。

英国一家公司采用液化技术，用100千克木材生产了24千克石油，同时还生产出16千克沥青和15千克蒸汽。美国俄勒冈州一家以木片为原料的工厂，100千克木片可制取30千克石油。

地球上的石油植物

人们还发现，地球上存在着不少的石油植物，它们所分泌出的液体，不需加工或稍经加工就可作为燃料使用。如澳大利亚有一种树，含油率高达4.2%，也就是说，一吨这种树可获取优质燃料5桶之多。在菲律宾和马来西亚，有一种被誉为石油树的银合欢

树，这种树分泌的乳液中含石油量很高。

经专家测试，某些芳草也含有石油。美国加利福尼亚州盛产一种粗生分布广泛的杂草，由于黄鼠等啮齿动物很害怕它的气味，故取名黄鼠草。

黄鼠草可以提炼石油，大约10000平方米这样的野草可提取石油1000千克。若经人工杂交种植，10000平方米可提炼石油6000千克。目前，美国学者已发现了30多种富含油的野草，如乳草、蒲公英等。此外，科学家还发现300多种灌木、400多种花卉都含有一定比例的石油。

目前，世界上许多国家都开始对石油植物及其栽种进行研究，并通过引种栽培，建立起新的能源基地石油植物园、能源农场，专家预计在未来石油植物将成为人类能源的宝库。

建立能源农场的设想

关于建立能源农场的设想，却是在一种特殊情况下提出来的，它对于人类在未来启用植物石油能源有着深远的意义。1973年，石油输出国组织成员国临时停止向美国出口石油，因此，美国教授卡尔文想出了建立能源农场这个主意，到现在已经40多年了，这个设想已在不少国家开始试验。

当时，这位科学家知道，某些植物如橡胶树，能把碳化物变成碳氢化合物胶汁。他想既然橡胶树能产生胶汁，那么其他能进行光合作用的植物也能合成类似石油的物质。要得出这样的结论，他首先放弃了一些原有的习惯想法。

卡尔文教授是一位化学家，1961年，他因为一本关于光合作用的著作而获得了诺贝尔奖金。现在他是能源农场的最热心的支持者之一，他跑遍全球去寻找那种具有合成燃烧能力的植物。卡

尔文在加利福尼亚州找到了另一种虽不像香胶树那样令人吃惊，但分布非常普遍的植物，农场主们把它叫做黄鼠草。

　　卡尔文教授的实验证明，人工制造石油并不需要几百万年的时间，而是几十年就可成功的事情，那么，剩下的一个问题是：能源农场的设想在工艺上是否行得通？在经济上是否划算？

延　伸　阅　读

　　在南美洲有一种叫沙箱树的植物，它的果实在成熟后会像炸弹爆炸一样发出巨响，种子向四方飞射出去。如果人们遇上它爆炸，未及防备，极易受伤。

能听歌跳舞的植物

听音乐高产的农作物

加拿大有个农民做过一个有趣的实验，他在小麦试验地里播放巴赫的小提琴奏鸣曲，结果听过乐曲的那块实验地获得了丰产，它的小麦产量超过其他实验地产量的66％，而且麦粒又大又重。

20世纪50年代末，美国一位农学家在温室里种下了玉米和大豆，同时控制温度、湿度、施肥量等各种条件，随后在温室里放上录音机，24小时连续播放著名的《蓝色狂想曲》。

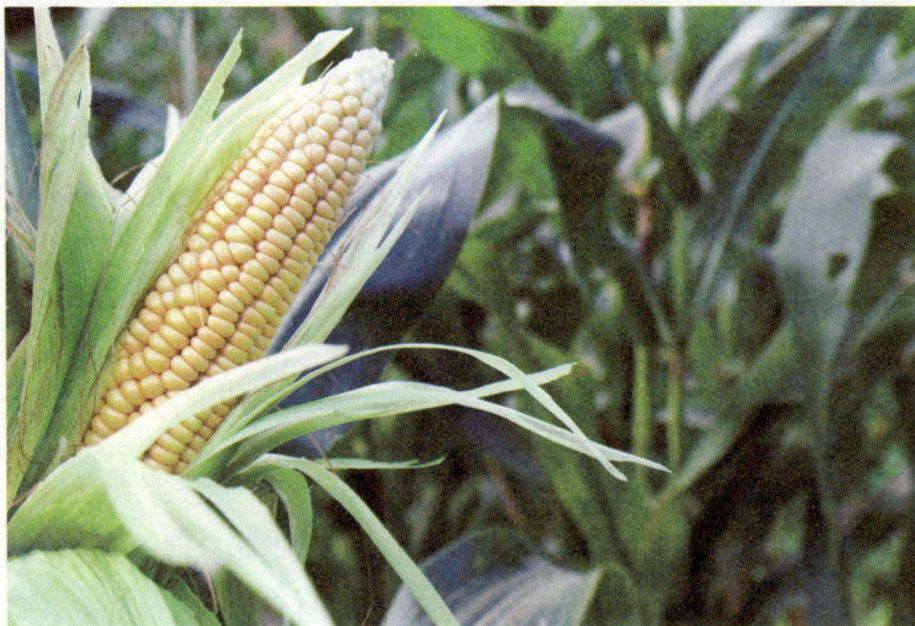

　　不久，他惊讶地发现，听过乐曲的籽苗比其他未听乐曲的籽苗提前两个星期萌发，而且前者的茎干要粗壮得多。这让这位农学家感到很出乎意料。

　　后来，他继续对一片杂交玉米的试验地播放经典和半经典的乐曲，一直从播种到收获都未间断。结果又完全出乎意料，这块试验地比同样大小的未听过音乐的试验地，竟多收了700多千克的玉米。他还惊喜地看到，收听音乐长大的玉米长得更快，颗粒大小匀称，并且成熟得更早。

　　如果能在农田里播放轻音乐，就可以促进植物的成长而获得大丰收，这似乎不是遥远的事情了。美国密尔沃基市有一位养花人，当向自家温室里的花卉播放乐曲后，他惊奇地发现这些花卉发生了明显的变化：这些栽培的花卉发芽变早了，花也开得比以前茂盛了，而且经久不衰。这些花看上去更加美丽，更加鲜艳夺目。

不同植物的不同音乐爱好

那么，植物到底喜欢听哪种音乐呢？人们继续做实验，对一些番茄有的播放摇滚乐曲，有的播放轻音乐，结果发现听了舒缓、轻松音乐的番茄长得更为茁壮，而听了喧闹、杂乱无章音乐的番茄则生长缓慢，甚至死去。

几乎所有的植物都能听懂音乐，并在轻松的曲调中茁壮成长。甜菜、萝卜等植物都是音乐迷。有的国家用听音乐的方法培育出2500克重的萝卜，小伞那样大的蘑菇，2700克重的卷心菜。

黄瓜、南瓜喜欢箫声；番茄偏爱浪漫曲；橡胶树喜欢噪声。美国科学家曾对20种花卉进行了对比观察，发现噪音会使花卉的生长速度平均减慢47％，播放摇滚乐，就可能使某些植物枯萎，甚至死亡。

也有人做过这样的试验：每天早上给黑藻举行25分钟的音乐会，不到十天功夫，它们就繁

殖得"子孙满塘"。曾有人让含羞草在每天清晨欣赏25分钟古典歌曲，这些羞羞答答的草，听了古典歌曲以后，好像心情特别舒畅，生长速度显著加快，枝叶也更加茂盛了。

据实践证明：凤仙花、金盏菊和烟草等对小提琴的曲调，有特殊的"感情"。那些欣赏过音乐的灌木，枝叶也长得比一般的灌木更加稠密繁茂。

植物听音乐的原理是什么呢？原来那些舒缓动听的音乐声波的规则振动，使得植物体内的细胞分子也随之共振，加快了植物的新陈代谢，而使植物生长加速起来。

会跳舞的舞草

在我国的广西、福建、台湾，以及越南、印度等地确实生长着一种会跳舞的草，人们管它叫舞草。跳舞草与大豆一样属豆科，是大豆的"近亲"。

它的叶片是由3片叶组成的复叶，中间的那片叶特别大，为长圆形，而两侧的叶子很小。开紫红色的花，结一种直镰刀形的荚果。有趣的是，舞草的两片小叶，可自由地回转运动，大约每分钟转一次；中间的大片叶只做角度约为6度至20度的摇摆运动，看上去好像在不停地跳舞。

舞草舞动之谜

舞草为什么会跳舞呢？科学家通过观察发现，舞草的跳舞行为与阳光有关系。如把舞草移到黑暗的地方，它的动作就会慢慢减弱，以致最后停止；如再把它移回阳光下，它又开始舞起来了。此外，舞草的跳舞行为与温度也有关系。如外界温度达到30摄氏度，西侧的小叶跳得最欢，而且舞步呈圆圈状；如气温低于或高于30摄氏度，它就跳得没有那么畅快，并且舞步呈椭圆形。

科学家们经过研究，进一步揭开了舞草跳舞的奥秘。原来，舞草叶柄的叶座细胞在阳光和温度的刺激下，会收缩或者舒张，

由此导致了叶片的运动。

这种运动有利于舞草本身的生存：减少阳光的直射面积，减少水分的蒸腾，防止昆虫等动物的危害。

这么说来，舞草跳舞并不是要给人欣赏的，而是出于它自己生存的需要。

延 伸 阅 读

在云南西双版纳勐腊县尚勇乡附近的原始森林里，有一棵会"欣赏"音乐的小树，当地群众管它叫风流树。人们发现，在风流树旁播放轻音乐或抒情歌曲时，小树就会随音乐起舞；如果播放的是进行曲或嘈杂的音乐，小树就不舞动了。

植物与动物合作

蚂蚁和金合欢

非洲肯尼亚大草原上的金合欢树都长满了锐利的刺，这是防止食草动物侵犯它们的有力武器。其中有一种金合欢树另外还长着一种特殊的刺，刺中空，下端膨大，风吹过会发出像哨子一样的声音，所以，它们被叫做哨刺金合欢。

在哨刺里头，经常进进出出着一种褐色举腹蚂蚁。非洲的草原在旱季则变得干裂，因此，不适合蚂蚁在地下建巢，蚂蚁就把

家安在了金合欢树上，住在空心的刺里头做起了房客。当长颈鹿等大型食草动物小心翼翼地躲开刺去吃金合欢树上的嫩叶时，扯动了树枝，举腹蚁觉察到后便蜂拥而至，拼命地叮咬长颈鹿的舌头，迫使长颈鹿离开。

金合欢树为了留住蚂蚁当保护神，还慷慨地为它们准备了美味的食物：在树叶基部有蜜腺分泌蜜汁供举腹蚁享用。

除了这种褐色举腹蚁，还有两种举腹蚁也以金合欢为家。一棵金合欢树上只能生活着一种蚂蚁，如果有两种蚂蚁撞到了一起，它们就会展开决斗，直至有一方独霸金合欢树。

在战争中，褐色举腹蚁往往占优势，大约一半以上的金合欢树都被这种举腹蚁占据。蚂蚁和金合欢的相互关系，是一种互利共生的关系。蚂蚁需要金合欢为它提供食宿，而金合欢也需要蚂蚁保护自己少受食草动物的侵害。

蚂蚁还能清除与之竞争的其他植物。倘若没有蚂蚁的保护，金合欢就会被食草动物吃掉，或被其他植物排挤。

树栖蚁和蚁栖树

南美洲巴西的密林中，生长着一种属于桑科植物的蚁栖树。这种树的树干中空有节像竹子一样，叶子却像蓖麻那样具有掌状单叶。树干表面密布着无数的小孔。仔细看可以看到有些蚂蚁从这些小孔进进出出。

在同一密林中，生长着一种森林害虫，这就是专吃各种树叶的啮叶蚁。

但这种啮叶蚁对蚁栖树却无可奈何。原因是蚁栖树上同时生长着另一种叫"阿兹特克蚁"的益蚁，也叫树栖蚁。

原来，蚁栖树中空的躯干是树栖蚁的理想住宅。

每当啮叶蚁前来侵犯它的住房时，树栖蚁们团结起来奋勇迎敌，坚决将啮叶蚁驱逐出境，保卫房主的树叶安然无恙，郁郁葱葱。

蚁栖树不仅为树栖蚁提供免费住所，还产一种小果子专供树栖蚁享用。这是因为蚁栖树的每个叶柄基部长着一丛细毛，其中长出一个小球，叫"穆勒尔小体"，是由蛋白质和脂肪构成的，给益蚁提供了富含蛋白质和脂肪的食物。

奇怪的是这些小果子被搬走以后，不久又生出新的来，使益蚁长期有东西吃。

树栖蚁为报答房主的殷勤款待，不但可以驱赶和消灭各种食叶蛀木害虫，特别是啮叶蚁，也倾全力为蚁栖树做其他好事。

比如，树栖蚁精心清除树上有害的真菌，帮助蚁栖树同讨厌的藤本植物作斗争等。

在树栖蚁的保护下，蚁栖树已经丧失了同类植物所具有的各种防卫能力，所以，一旦失去了树栖蚁的保护，它便无法生存了。

金鱼草与蜜蜂

金鱼草，也叫龙头花，它是唇形花冠，但是唇形花冠的上下唇老是互相扣紧闭合着。雌蕊、雄蕊和蜜腺都闭锁在花筒里面，在这样的一种结构下，如果昆虫太小，就不能拨开下唇，进入花内。

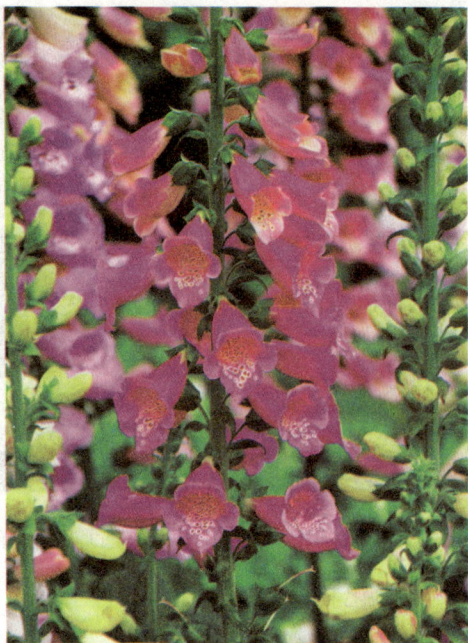

如果昆虫太大，虽然能拨开下唇，也不能进入里面。只有像蜜蜂这样的中等昆虫，既能拨开下唇，又能进入花冠筒内。

当蜜蜂探身进入花冠筒时，它的背部就接触到了花药和柱头，由于花药在两侧，柱头在中央，因此同一朵花的花粉不致被蜜蜂带到自己的柱头上，而蜜蜂背部带来的金鱼草花的花粉正好触在这朵花的柱头上，从而完成了异花传粉。

兰花与黄蜂

热带有一种兰花，它的下唇花瓣很像一只浴盆，里面常贮满清水。浴盆内有一条狭窄的甬道，甬道的顶部生有雄蕊和雌蕊。当黄蜂钻进花内吸蜜时，一失足就会跌入浴盆内。当它湿淋淋地爬起来挣脱逃走时，只能从甬道爬出来，这样就让黄蜂把从别朵

兰花里带来的花粉，涂抹在这朵花的雌蕊上，同时又让黄蜂把这朵花的花粉带出去。

上面的例子告诉我们，不同种类的昆虫为特定的开花植物传送花粉，同时又以这些植物的花粉作为自己的营养物质。在这种互利互惠、相互适应的过程中，它们各自的种族都得以繁衍。植物与昆虫的关系不是一朝一夕形成的，是在长期的生物进化过程

延 伸 阅 读

由于金合欢树越来越少，人们尝试着将金合欢树用围栏保护起来，使其不受动物的侵扰，但他们很快发现被保护的树木面临死亡的威胁。因为，在没有长颈鹿等动物的侵扰时，金合欢树就不会有汁液流出，工蚁也就没有吃的，最终只好离开金合欢树。

为什么植物会落叶

香山的黄栌

北京香山的红叶主要是黄栌。黄栌又称栌木，为漆树科落叶丛生灌木或小乔木，高3米至4米，其叶单生，叶柄细长，犹如一面小团扇。初为绿色，入秋之后渐变红色，尤其是深秋时节，整个叶片变得火红，极为美丽。

黄栌花小而杂性，黄绿色，花开时满树小花长着粉红色的羽毛，远远望去犹如烟雾缭绕，别有风趣，所以欧洲人称它为烟雾树。

黄栌原产于我国北部及中部，除北京香山之外，长江三峡的红叶也主要由它构成。黄栌的木材可做黄色染料，过去帝王穿的黄云缎多用它做成的染料染成。

叶子秋日变红的原因

树木的叶子为何秋日变红呢？原来绿色植物的叶片里含有多种色素，这就是叶绿素、叶黄素、胡萝卜素和花青素等。在植物的生长季节中，由于叶绿素在叶片中占有优势，所以叶片保持着鲜绿的颜色。

到了秋季，气温下降，叶绿素合成受阻，遭到的破坏则与日俱增，所以含叶黄素、胡萝卜素多的叶片就呈黄色。红叶树种此时在叶片中产生了一种叫花色素苷的红色素，所以叶片呈现出美丽的红色。

在自然界中还有一些植物如紫叶李、红苋等，它们的叶子在全部生长季节中都是红的，这是由于红色素在这些植物叶片中常年都占据优势的缘故。

叶片的衰老

早在20世纪40年代，科学家们就认为衰老是有性生殖耗尽植物营养所引起的。

不少试验都指出，把植物的花和果实去掉，就可以延迟或阻止叶子的衰老，但问题并不是那么简单。

如果有兴趣不妨做这样一个实验，在大豆开花的季节，每天都把生长的花芽去掉，你会发现与不去花芽的植株相比，去掉花芽的大豆的衰老显著地延迟了。

进一步观察，人们还发现许多植物叶片的衰老发生在开花结实以前，比如雌雄异株的菠菜在雄花形成时，叶子已经开始衰老了。

随着研究工作的逐步深入，现在知道，在叶片衰老过程中蛋白质含量显著下降，核糖核酸含量也下降，叶片的光合作用能力降低。

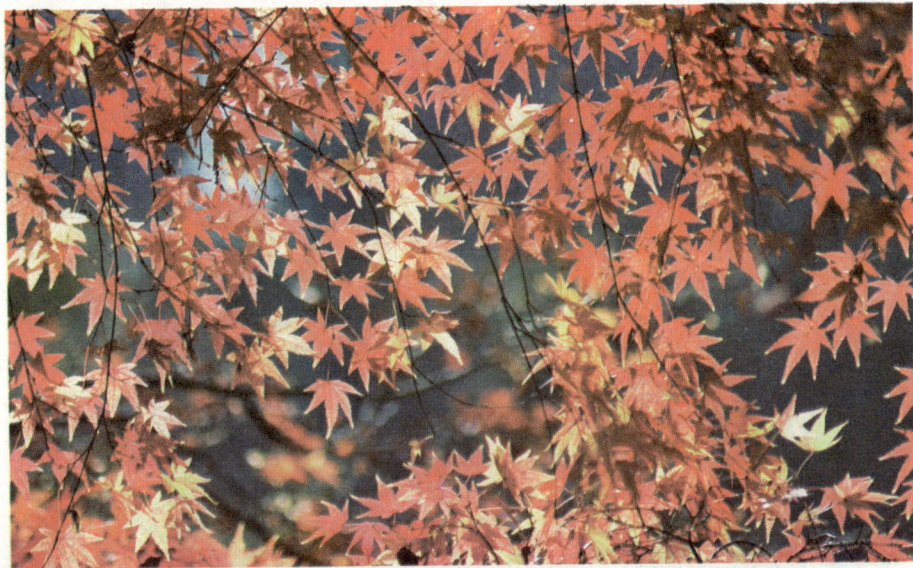

在电子显微镜下可以看到叶片衰老时叶绿体被破坏。这些生理变化和细胞学的变化过程就是衰老的基础，叶片衰老的最终结果就是落叶。

从形态解剖学角度研究发现，落叶跟紧靠叶柄基部的特殊结构——离层有关。在显微镜下可以观察到离层的薄壁细胞比周围的细胞要小，在叶片衰老过程中，离层及其临近细胞中的果胶酶和纤维素酶活性增加，结果使整个细胞溶解形成了一个自然的断裂面。但叶柄中的维管束细胞不溶解，因此衰老死亡的叶子还附着在枝条上。

不过这些维管束非常纤细，秋风一吹它便抵挡不住，断了筋骨，整个叶片便摇摇晃晃地坠向地面。

为什么是秋风扫落叶

说到这里你也许要问，为什么落叶多发生在秋天而不是春天或夏天呢？其实，走在马路上就可以找到答案。仔细观察一下最

为常见的行道树法国梧桐。会发现深秋时节大多数的梧桐叶已落尽，而靠近路灯的树上，却总还有一些绿叶在寒风中艰难地挺立着。因此，我们可以得出这样的结论，影响植物落叶的条件是光而不是温度。

实验证明，增加光照可以延缓叶片的衰老和脱落，而且用红光照射效果特别明显；反过来缩短光照时间则可以促进落叶。夏季一过，秋天来临，日照逐渐变短，是它在提醒植株——冬天来了。科学家们经过艰苦努力找到了能控制叶子脱落的化学物质。它就是脱落酸，脱落酸能明显地促进落叶，这在生产上具有重要意义，在棉花的机械化收割中，碎叶片和苞片掺进棉花后严重影响了棉花的质量，因此在收割以前，人们先用脱落酸进行喷洒，让叶片和苞片完全脱落，这样就保证了棉花的质量。还有一些激素的作用正好相反，赤霉素和细胞分裂素能延缓叶片的衰老和脱落。

落叶着地时叶背向上之谜

如果留心看地上的落叶，就会注意到落叶着地时叶背总是向

上的，为什么呢？

原来这是由叶的内部结构决定的。取一片叶子做一个薄薄的横切，放在显微镜下观察，就会发现叶的两面结构是不同的，叶的表面上下两层表皮，表皮之间是叶肉组织，其中靠近正面上表皮的叫栅栏组织，它的细胞排列紧密，比重较大；靠近背面下表皮的叫海绵组织，它的细胞排列疏松，比重较小。所以，落叶着地时，比重较大的正面先着地，叶背总是向上。

延 伸 阅 读

植物的落叶有很多用途，它们可以做植物的肥料。秋天到了，树叶一片片掉下来落在泥土里，慢慢地腐烂了，来年植物就会长得更高。

离不开雷电的植物

奇妙的植物和电

电对植物的影响是随处可见的。在很早以前人们就发现，频繁的雷电对农作物的成长发育是有好处的，它能缩短成熟期和提高产量。在避雷器和高压电线附近就能明显发现这一点。另外，无数次的试验也证明，把微弱的电流通入土壤，能使许多植物的种子发芽迅速，产量提高。

植物接受任何一个微小的电荷都像喝了一口滋补饮料，会使它的生命过程加速，让植物迅速成熟，果实更为丰硕。能享受电营养品的不仅是草，还有树木。

植物离不开电

美国科学家曾用弱电治疗树木癌肿病以及其他危难病症。春天，短时间把电极插入树内，通入交流电，电流就进入树枝、树根和土壤。

每次时间要根据"患者"的病情来确定。一段时间之后，出现了奇迹，树上长出了新枝和新皮，患处也开始结疤。不过这只有弱电流才行。

经研究发现，所有植物的细胞都是一种特殊的电磁，因此整棵植物总是不断地有弱电流通过。

哪怕是一个最微小的幼芽，它能够生存的原因，也是因为有

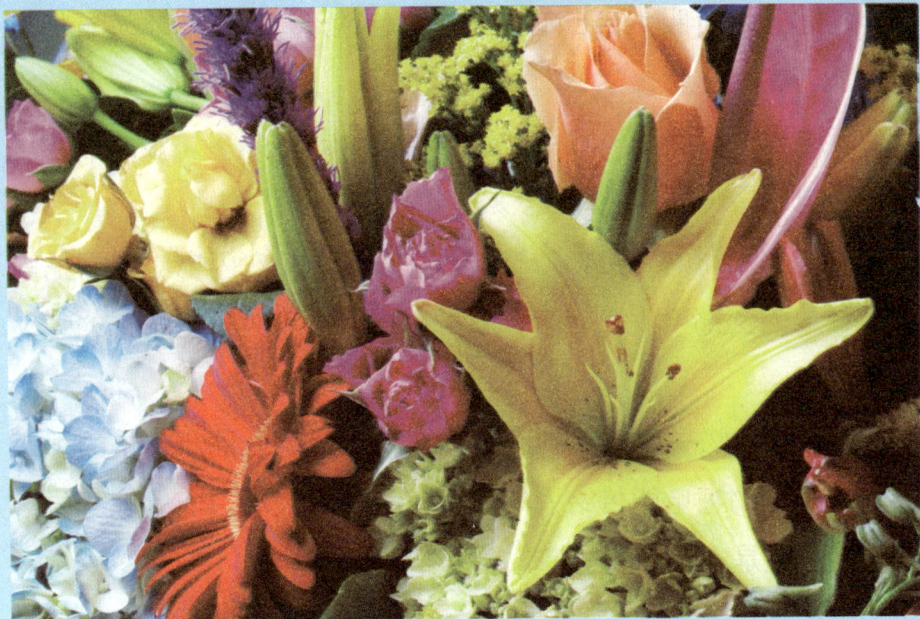

电流通过。

当电流爬上草花的花冠，它身上的电就会发出信号，驱使它的蜜腺分泌出甜汁。

雷电与植物

上边的事例，说明植物是离不开电的。

那么，植物和雷电有什么关系呢？

直至不久前才研究清楚，所有的花粉都带正电荷，雌蕊带负电荷。正是由于正负电荷的吸收，花粉和雌蕊才有了接触的机会。

雷是正电和负电相接触的结果，这就和植物有了关系。美国华盛顿大学的文特教授和前苏联基辅大学的格罗津斯基教授就认为，雷电就是由植物引起的。

据统计，全世界所有的植物每年蒸发至大气里的芳香物质大约有1.5亿吨。它们都是迎着阳光飞走的，每一滴芳香物质都带有正电荷，把水分吸到自己的身上，水分就形成了一个水汽罩把芳香物质包在核心。

就这样一滴滴、一点点地逐渐积聚，越聚越多，最终形成可以发出电闪雷鸣的大块乌云。

地球各大洲的上空，每秒钟大约发生100次闪电。如果把闪电所释放的全部电收集起来，就可以得到功率为一亿千瓦的强大电荷。

这正是植物每年散布到空中的数百万吨芳香油所带走的那部分能量。植物把电能传给大气，大气又传给大地，而大地再传给植物。电就是这样年复一年、经久不停地循环着。

植物化石与雷电

究竟是什么样的自然现象让生物原本具有活性的细胞在死亡

后没有被微生物分解殆尽，而得以保存下来？

中科院南京地质古生物研究所的王鑫副研究员认为是雷电，它可能破坏了细胞分解过程中不可或缺的酶的反应条件。

雷电击打植物的时候，有两个路径，一个是植物的表面，另外是沿着茎秆中生命活动最活跃的地方——形成层，因为那里的水分最多，电阻最小。

雷电可能引发野火，从而可能让植物迅速烤焦炭化，产生一种惰性极强的物质——丝炭，连"强酸强碱"都奈何不得它，也正是因为这个原因，植物的细胞在雷电的瞬间被"杀死"、"固定"，穿越亿年而不发生任何反应。

雷电之谜

关于雷电与植物，还有许多问题：为什么雷电出现的地方经

常是炎热夏季中遍布植被的地方？这难道不是因为在晴朗暖和的日子里，有更多的芳香油散发到空中吗？为什么在沙漠和海洋上雷鸣是那样稀少？为什么在两极地区和冻土地带没有雷电？为什么冬季很少有雷电？

这些问题如何解答呢？雷电难道真的和植物有关吗？这个问题还有待进一步研究。

延 伸 阅 读

科学家研究发现，许多植物都与电有着密切的关系。如含羞草的叶子一受到触动就立刻卷起；当雨快来时，蒲公英的花盘会马上收拢；乌云遮盖太阳时，阿尔卑斯山的龙胆草的花会立即合拢，太阳出来又马上开放。